思慕雪

〔德国〕塔尼娅·杜西 著　马亚雯 译

译林出版社

最佳状态下的维生素

　　健康与美味,二者可以并存吗?当然可以!因为我们有思慕雪。这种小小的"能量包"不仅可以提供丰富的维生素和纯植物纤维,让你拥有愉快的饱腹感,并且有着无与伦比的好口感。它适合在一天中的任何时候食用:可以和牛奶、酸奶或者奶酪搭配来代替早餐麦片,或者作为午餐的小吃和甜点。如果你下午运动以后感觉非常饥饿,那么,思慕雪就是代替薯条和咖喱香肠的轻量级选择,用它来作为所有疲惫的奖励再合适不过了!

　　当然啦,你在超市里也能买到思慕雪和鲜榨果汁。但是,如果你想享用物美价廉,而且更新鲜、更富含维生素的思慕雪,最好还是自己动手制作。幸运的是,对此我们并不需要准备太多:一台电动搅拌机,然后当然就是水果,水果,水果……

　　在这本书里,我汇集了自己最喜欢的配方,它们将告诉你哪些水果搭配起来口味最好,以及还能增加些什么来锦上添花。对于思慕雪的制作过程、水果储存和玻璃杯装饰,我都给出了许多小贴士。此外,对于人们还能以思慕雪为基础再做些什么,我也给出了许多建议,这样一来,我们就能尽情享受混合搭配所带来的无限乐趣了。

果香篇

奶油篇

非主流篇

这枚绿叶标志指引着通往享受的道路：有此标记的思慕雪均为素食。

如此顺滑……

混合奶油后再适当冰镇，水果的口感将会好到无以复加。

这样就能提供给自己每天所需的维生素和能量啦！

说实话，你能一直坚持做到"每日五份"吗？坚持每天五次，每次食用一小份水果或者蔬菜对身体是绝对有益的。我之前虽然有很大的决心，但也没能如期完成，直到我买了一台电动搅拌机，现在我家里的早餐不但有足量的水果，而且大多数时候还是可以用吸管或勺子享用的糊状饮品……

"思慕雪（Smoothies）"是一个有魔力的词，来源于英语里"平滑的""柔软的"和"黏稠的"等类似的词。在美国，思慕雪一词主要用于形容与压榨果汁不同的，由完整的或做成糊状的水果制作的饮品。现在，柔软的水果浪潮也涌向了我们，在水果吧或者超市里我们都能买到富含维生素的能量饮料，一般都是可以拿在手上的小瓶包装，作为小零食，既健康，又新鲜，而且口味真的很不错。但是，与之相比，思慕雪不仅更加新鲜，富含多种维生素，而且更加健康，即使在家也很容易制作。为此，除了几份好的食谱，我们并不需要太多别的准备。

大量的新鲜水果

　　那些成熟的又甜又软的当季水果是制作思慕雪的不二选择，在每周的集市上你都可以适当采购些，然后在之后的几天中组合食用。香蕉是水果中的完美"思慕雪成员"和黏稠制造者，你最好随时备一些存货。当然鳄梨、芒果或者木瓜也都具有非常好的黏稠度。而较为坚硬的水果或蔬菜，比如苹果、胡萝卜或红甜菜，可以少量地和那些可以搭配的果汁一起加工，但在搅拌前应该将它们完全捣成糊状，或者更好的办法是直接榨汁。

更黏稠

　　如果加入冰激凌、牛奶、酸奶、其他的乳制品或者代乳品，比如大豆、杏仁或者米浆（可以时常自由地替换），可以使思慕雪更加黏稠，从而代替一道甜点。如果你倾向于纯水果风味，但又比较喜欢黏稠的口感，那么只需要提前将冰块用碎冰机打碎，或者将其放进冷藏袋里，然后用肉槌或者擀面杖敲碎，再一起加入搅拌机中即可。这样做出来的思慕雪不但有冰凉的口感，而且还有很好的黏稠度。当然，强力立式搅拌机也可以将整个冰块搅碎。

设备

　　最为重要的厨房设备就是一台电动的立式搅拌机（很多厨房电器还有许多配套的附件）。如果打算买一个新的搅拌机，那么一定要注意，搅拌机需要有足够的容量和功率，这样才能做出多人份的思慕雪。一台高转速和高功率的搅拌机，能毫不费力地搅碎坚硬的水果和蔬菜，甚至冰块。针对本书里提供的食谱，一台转速为10000转/分，功率为800—1000瓦的搅拌机就足够了。当然啦，搅拌机功率越高，做出来的思慕雪就越黏稠。

高功率的搅拌机物有所值

购买立式搅拌机的另一个考虑因素是，机器一定要能立得很稳，并且使用过后能非常容易清理。最好是购买时能在专柜观看不同型号机器的使用方法展示，然后自己亲自尝试一下如何拆卸和组装。如果打算经常制作思慕雪或者果汁的话，那么就需要考虑是否要购买一台高功率的搅拌机了（最大转速 30000 转/分）。高功率的搅拌机可以毫不费力地搅碎比较坚硬的水果和蔬菜。这种搅拌机的更大优势在于，它还可以直接把较小的冰块加工成细碎的冰沙，这样就不用额外使用碎冰机了。

重点在于分层

无论你决定用哪种型号的搅拌机，使用的水果都必须切成小块，柔软型的果实应该往下放，比较硬的则放在搅拌机的上层。这样靠下的柔软层就能很快地打成糊状，自动形成一个漩涡，从而把上层较为坚硬的部分向下牵引。而其他的分层方法则可能会导致搅拌机堵塞。

果 香 篇

　　我最喜欢的组合：把果园里五彩斑斓的当季新鲜水果自由混搭。当然了，也包括一些经典的思慕雪原料，比如香蕉、芒果和菠萝。通常情况下，并不需要别的什么，这些水果被组合起来，就能成为超级美味的维生素炸弹啦!

晨 起

漫长的冬季过后，这杯饮料呼之欲出，
鲜花的芬芳和浆果的香甜将春季的困倦一扫而光。

食材：

150 克草莓

30 克覆盆子

蓝莓和红色醋栗（可用冷冻混合浆果代替）

50 克酸樱桃（可用 30 克冷冻酸樱桃代替）

1 个橙子

2 厘米香草荚

6 块冰块

50 毫升接骨木花糖浆

糖（按口味适量添加）

小点缀：

1 根蜜蜂花枝

几颗草莓和蓝莓

樱桃和醋栗

用于铺撒的绵白糖

1 根小短棍

美美的浆果

容器：一个容量 350 毫升的玻璃杯

制作时间：10 分钟

能量：每杯约 345 千卡热量，3 克蛋白质，1 克脂肪，76 克碳水化合物

步骤：

1. 仔细洗净浆果和樱桃并且晾干。摘下草莓的萼片，将醋栗从柄上摘下，并将樱桃去核。将橙子榨汁。用尖刀将香草荚从中间剖开，并用刀子不锋利的一面将香草籽刮下。制作小点缀。把蜜蜂花枝洗净，轻轻擦干，并摘掉小叶片。浆果和樱桃用小木棍穿起来，用蜜蜂花枝的叶片作为顶端装饰。将冰块磨碎。把浆果、樱桃、香草籽、橙汁以及接骨木花糖浆放入搅拌机，用最高挡位打成糊状。

2. 舀出一勺品尝，看是否需要加一些糖（以防浆果没有完全成熟，甜度不够）。然后加冰，再搅拌一会儿，直到一份美味且黏稠的思慕雪诞生。倒入玻璃杯，将穿好的水果串横放在玻璃杯上，然后撒上绵白糖即可享用。

小贴士

用 2 汤匙香草冰激凌代替接骨木花糖浆会让这款思慕雪更加黏稠，并且尝起来就像一道甜点（尤其漂亮的做法是：额外添加一个香草冰激凌球，撒上一点磨碎的蛋白酥皮甜饼，盛在汤盘里作为冷甜汤）。如果需要招待客人的话，可以把它作为餐前的开胃小菜。可以将其盛放在香槟杯里，然后浇上香槟酒或者普罗塞克起泡酒（小心地搅拌）。

红色维生素炸弹

当流感来袭时，能量饮料既可以提高免疫力，

又能带来令人振奋的味觉享受。

食材：

300 克菠萝

80 克红甜菜

1 个苹果

1 个橙子

50 毫升胡萝卜汁

1 块新鲜的生姜

（大约 3 厘米长）

1 茶匙菜籽油

开启新的一天 🍃

容器： 一个容量 350 毫升的玻璃杯

制作时间： 10 分钟

能量： 每杯约 410 千卡热量，6 克蛋白质，7 克脂肪，78 克碳水化合物

步骤：

1. 菠萝削皮，切掉菠萝头，把硬刺全部挖去，再将果肉切成小块。红甜菜去皮（为避免染色需要戴上橡胶手套。有机红甜菜不需要去皮）并粗略切成小块。苹果洗净分成四等份，橙子榨汁，生姜削皮。

2. 将苹果块、红甜菜、胡萝卜汁和橙汁一起打成糊状，然后加入菠萝和生姜，再次强力搅拌。倒入玻璃杯，在完成的饮料上浇上菜籽油，饮用前搅拌一下。

花式做法：苹果胡萝卜汁

苹果胡萝卜汁加生姜在果汁吧里几乎算是经典的饮品。如果用容量 250 毫升的玻璃杯盛放的话，只需要将 500 克胡萝卜削皮，切成块状。将一个酸甜口味的苹果洗净，分成 4 份。然后按照自己喜欢辛辣口味的程度，把 2 ~ 4 厘米长的生姜去皮。最后，将将胡萝卜、苹果和生姜一起用榨汁机榨汁，倒入玻璃杯，再在上面滴几滴菜籽油后即可享用。

小贴士

胡萝卜富含对眼睛、皮肤和头发都十分有益的 β 胡萝卜素。除了叶酸，红甜菜还含有丰富的维生素 A，为了更好地吸收它，我们的身体还需要维生素 C，而苹果、橙子和菠萝正是再理想不过的搭档！如果没有榨汁机的话，可以用 150 克切碎的有机胡萝卜代替胡萝卜汁。

菠萝－奇异果思慕雪

容器：一个容量 350 毫升的玻璃杯

制作时间：10 分钟

能量：每杯约 230 千卡热量，3 克蛋白质，1 克脂肪，48 克碳水化合物

步骤：

1. 用锋利的刀削去菠萝的皮，切掉菠萝头，挖掉全部的硬刺。奇异果和香蕉去皮。所有的果实切丁备用。

2. 将冰块磨碎。将水果块和青柠檬汁一起放入搅拌机搅拌均匀，直到打成水果糊。

3. 加冰，接着再长时间地搅拌，直到思慕雪变得黏稠为止。

4. 倒入玻璃杯，然后趁着新鲜赶紧享用吧。

小贴士

　　若不想在冰箱里放剩余的菠萝，可以直接用迷你菠萝哟——它们通常也都十分香甜。

食材：

200 克菠萝（参见小贴士）

1 个绿色或者黄色的奇异果

1 小根香蕉

4 块冰块

1 汤匙鲜榨青柠檬汁

酸甜口味

蜜桃 – 芒果思慕雪

食材：

150 克成熟的芒果

1 个大的黄桃

1/2 根香蕉

6 块冰块

2 汤匙鲜榨青柠檬汁

1 ~ 2 个香橙饼干（按个人喜好）

温润的夏日饮品

容器：一个容量 350 毫升的玻璃杯

制作时间：10 分钟

能量：每杯约 340 千卡热量，7 克蛋白质，
3 克脂肪，67 克碳水化合物

步骤：

1.芒果去皮，用锋利的刀将果肉从果核上
刮下，粗略地切成块状备用。

2.黄桃洗净，擦干，对半切开并去核，也
将果肉粗略地切成块状。将香蕉切丁。

3.将冰块磨碎。芒果、黄桃、香蕉和青柠
檬汁放入搅拌机打成糊状。

4.加冰，接着再长时间地搅拌，直到思慕
雪变得黏稠为止。

5.将思慕雪倒入玻璃杯，按个人喜好撒上
香橙饼干屑，然后趁着新鲜赶紧享用吧。

菠萝－草莓思慕雪

容器：一个容量 350 毫升的玻璃杯

制作时间：10 分钟

能量：每杯约245千卡热量，3克蛋白质，1克脂肪，53克碳水化合物

步骤：

1. 菠萝削皮，切掉菠萝头，挖去所有的硬刺，将果肉切成块状。草莓洗净，摘掉萼片，粗略地切小。橙子榨汁。

2. 将冰块磨碎。菠萝、草莓、橙汁、西番莲果汁和蜂蜜一起放入搅拌机，用最高挡位打成糊状。

3. 加冰，再度搅拌，直到一杯黏稠的饮品诞生。倒入玻璃杯即可享用。

花式做法：添加酒精

　　如果想做果香鸡尾酒的话，可以直接在思慕雪里面加入 50 毫升的香橙利口酒。

食材：

250 克菠萝

120 克全熟的草莓

1/2 个橙子

3 块冰块

50 毫升西番莲果汁

1 茶匙蜂蜜

甜酸口味

柿子－胡萝卜思慕雪

食材：

1 个熟透的柿子（请参见小贴士）

1 根香蕉

1/2 个橙子

4 块冰块

1 汤匙柠檬汁

100 毫升胡萝卜汁（最好是鲜榨的）

1 汤匙蜂蜜

甜蜜无比

容器：一个容量 350 毫升的玻璃杯

制作时间：10 分钟

能量：每杯约 245 千卡热量，3 克蛋白质，1 克脂肪，53 克碳水化合物

步骤：

1. 柿子洗净分成 4 份，同时去掉叶梗。用勺子将果肉从果皮上刮下。香蕉去皮切成块。橙子榨汁。

2. 将冰块磨碎。柿子、香蕉、橙汁、柠檬汁和胡萝卜汁加上蜂蜜一起放入搅拌机，打成糊状。

3. 加冰，再次强力搅拌，最后倒入玻璃杯。

小贴士

　　只有完全熟透的柿子（主要成熟季节：10 月到 12 月）口感才好。柿子熟透时会变软。如果果实还很硬，可以用报纸将其包裹起来促其成熟。

甜瓜 – 奇异果思慕雪

食材：

250 克加利亚甜瓜

1/2 个青苹果

1 汤匙鲜榨青柠檬汁

6 颗绿色的无籽葡萄（约 50 克）

1 个奇异果

2 汤匙冰冻柠檬汁

令人精神焕发

容器：一个容量 350 毫升的玻璃杯

制作时间：10 分钟

能量：每杯约 175 千卡热量，2 克蛋白质，
1 克脂肪，37 克碳水化合物

小贴士

可以用厚皮甜瓜代替加利亚甜瓜。厚皮甜瓜的果肉是鲜黄绿色的。它们的口感很相似。

步骤：

1. 处理加利亚甜瓜。用茶匙挖去加利亚甜瓜的瓜瓤，再用锋利的刀将果肉从果皮上切下，然后粗略地切成块状。

2. 将苹果洗净。制作小点缀，从苹果上切下薄薄的一片，将两面都涂上少许的青柠檬汁。

3. 处理苹果、葡萄和奇异果。把剩下的苹果切成块状，同时去掉果核。将葡萄洗净，从梗上摘下。奇异果去皮，切成块状。

4. 把加利亚甜瓜、苹果、剩余的青柠檬汁、葡萄和奇异果放入搅拌机搅拌，直到搅拌成黏稠的水果糊。然后加入冰冻柠檬汁，继续搅拌，直至一份黏稠的思慕雪诞生。

5. 将做好的思慕雪倒入玻璃杯。把作为装饰的苹果片从下往上切至一半处，然后插在杯子边缘。

果香篇

菠梨香

食材：

280 克菠萝

1/2 个成熟的鳄梨

1 个橙子

12 颗覆盆子

3 汤匙鲜榨青柠檬汁

4 块冰块

1 汤匙香草冰激凌

非常黏稠

容器：一个容量 350 毫升的玻璃杯

制作时间：15 分钟

能量：每杯约 380 千卡热量，4 克蛋白质，14 克脂肪，52 克碳水化合物

小贴士

如果不喜欢香草冰激凌，也可以用冰冻青柠檬汁代替，只需往配料里加入 2 汤匙即可。如果喜欢纯水果的饮品，那就不需要冰块或者冰冻果汁了，再将一个橙子榨汁加入就可以啦。

步骤：

1. 菠萝削皮，对半切开，切掉菠萝头，挖去所有的硬刺，将果肉切成块状。

2. 用勺子将鳄梨的果肉从果皮中挖出，并且去掉果核。橙子对半切开并榨汁。

3. 小心地清洗覆盆子，挑拣，并且擦干，和 1 汤匙青柠檬汁一起放在小碗里，用叉子捣成糊状。如果不希望思慕雪里出现小核，可以将捣好的水果糊再用筛子过滤一遍。

4. 将冰块磨碎。把菠萝、鳄梨、橙汁和剩余的青柠檬汁及香草冰激凌一起放入搅拌机，用最高挡位打成糊状。

5. 加冰，然后把所有的东西再次搅拌直至黏稠。

6. 将思慕雪倒入玻璃杯，浇上覆盆子浆，按个人喜好螺旋式地搅拌饮品，再插上吸管。

热带思慕雪

食材：

1 株柠檬草

100 克成熟的木瓜

250 克夏朗德甜瓜（处理后大约 120 克，详见小贴士）

100 克成熟的芒果

1/2 根香蕉

1/2 个橙子

1/2 个青柠檬

5 块冰块

鲜爽柠檬味

容器：一个容量 350 毫升的玻璃杯

制作时间：10 分钟

能量：每杯约 220 千卡热量，3 克蛋白质，2 克脂肪，40 克碳水化合物

小贴士

夏朗德甜瓜有着绿色的条纹和橙色的果肉。可以用有着网状纹路和绿色果皮的加利亚甜瓜代替。加利亚甜瓜是黄色的，有着鲜亮的黄绿色果肉。它的口感跟长形的哈密瓜类似。

步骤：

1. 把柠檬草外部有损坏的叶片和其上端部分，以及下面有结的茎干都去除，只保留中间大约 10 厘米的部分。

2. 将保留下的柠檬草用锋利的刀切成尽可能细的条，然后再横剁成非常细小的小块。

3. 将木瓜和夏朗德甜瓜去皮、去籽，并把果肉切成小块。

4. 芒果去皮，用锋利的刀将果肉从果核上削下，然后粗略地切成丁。橙子和青柠檬榨汁备用。

5. 将冰块磨碎。把所有的水果和柠檬草，还有青柠檬汁和橙汁一起放入搅拌机，搅拌至均匀的糊状。

6. 加冰，再搅拌一小会儿，直至思慕雪足够黏稠。然后将其倒入玻璃杯，开始享用吧。

接骨木 – 梨子思慕雪

食材：

1 个大梨（约 150 克）

80 克无籽红葡萄

1 茶匙柠檬汁

3 块冰块

1 小撮磨碎的丁香干

2 小撮磨碎的茴香

60 毫升接骨木果汁

完美的冬日思慕雪

容器： 一个容量 350 毫升的玻璃杯，1 个
星形模具

制作时间： 10 分钟

能量： 每杯约 220 千卡热量，2 克蛋白质，
0 克脂肪，48 克碳水化合物

小贴士

接骨木果汁有的偏酸，有的偏甜。有
一些生产商可能会添加蜂蜜或者其他香
料。根据果汁以及梨和葡萄的甜度，必要
时我会添加一些蜂蜜。

步骤：

1. 将梨洗净，竖着对半切开，挖去果核，
把其中一半粗略切成块状。洗净葡萄，从
梗上摘下。

2. 制作小点缀。将剩下的一半梨切成较厚
的片。用星形模具在水果片上压出一个小
星星。然后在星形梨片上抹上柠檬汁，这
样就可以防止梨片因氧化而变成棕色（剩
下的果肉加入思慕雪里）。

3. 将冰块磨碎。将梨子、葡萄、丁香干、
茴香和接骨木果汁一起放入搅拌机，用最
高挡位打成糊状。

4. 加冰，然后继续搅拌，直至思慕雪黏稠。

5. 倒入玻璃杯，把星形的梨片插在杯沿，
然后即可享用。

苏丹的喜悦

伊斯坦布尔之旅给了我这份食谱的灵感，

那里，每一个街角都有鲜榨的石榴汁——十分美味！

食材：

1 个石榴

1 个蜜橙

75 克绿色的无籽葡萄

1/2 根香蕉

40 克蓝莓和黑莓（可用 80 克冷冻

混合浆果代替）

3 块冰块

2 汤匙橙花水

土耳其风味 🍃

容器： 一个容量 350 毫升的玻璃杯

制作时间： 15 分钟

能量： 每杯约240 千卡热量，4 克蛋白质，

2 克脂肪，50 克碳水化合物

步骤：

1.将石榴像盖子一样的硬蒂切除（图1）。

然后用双手将石榴掰成两半（图2）。再

将两半果实的皮像剥橙子那样剥下，把果

粒从中分离出来。

2.将蜜橙去皮。把葡萄从梗上摘下，洗净，

并和蜜橙以及石榴果粒一起放入榨汁机榨汁。

3. 如果没有榨汁机的话，可以将石榴横切，然后慢慢地、小心地用压汁器取汁（图3）。（注意：果汁很容易飞溅，可能会在桌布或者操作台上留下痕迹，一定要立即擦干净。）把橙子切成两半，然后用同样的方式取汁。

4. 香蕉去皮。挑选浆果（蓝莓和黑莓）并且小心地洗净。

5. 将冰块磨碎。把香蕉和浆果连同之前做

好的果汁，以及橙花水和碎冰一起放入搅拌机，如果葡萄未榨汁的话也一同放入，然后一起打成均匀的糊状。

6. 最后将制成的思慕雪倒入玻璃杯呈上。

花式做法：简单的快乐

　　为了调制一份令人神清气爽的饮品，我将 2 个石榴和 3 个橙子榨汁，并用 1 ~ 2 汤匙的橙花水调配香味。如果觉得太甜，可以添加一些青柠檬汁。

葡柚香

食材:

1 个粉色有机葡萄柚

1/2 个橙子

1/2 个柠檬

1/2 个青柠檬

80 克绿色的无籽葡萄

1 小根香蕉

3 块冰块

1 汤匙冰冻柠檬果汁

维生素 C 炸弹 🍃

容器: 一个容量 350 毫升的玻璃杯

制作时间: 10 分钟

能量: 每杯约 250 千卡热量, 4 克蛋白质, 2 克脂肪, 51 克碳水化合物

步骤:

1. 将葡萄柚洗净, 晾干, 用刀从顶端将果皮薄薄地转圈削去, 螺旋着取下。将削下的螺旋形果皮放在边上。

2. 接着把葡萄柚分成两半并榨汁。橙子、柠檬和青柠檬也一样榨汁。把葡萄洗净, 从梗上摘下。香蕉去皮, 切成块状备用。

3. 将冰块磨碎。所有的柑橘类汁、葡萄、香蕉和冰冻柠檬汁放入搅拌机, 用最高挡位打成均匀的糊状。

4. 加冰, 然后再搅拌一小会儿。

5. 将思慕雪倒入玻璃杯, 把方才削下的螺旋形葡萄柚皮挂在杯沿, 然后就可以呈上桌啦。

小贴士

这款思慕雪的特别之处在于葡萄柚轻微的苦味。如果还想强化这一点, 你可以使用黄色的葡萄柚。它会带来一样的好味道, 但是不会那么酸, 略微有点甜。这个杂交的葡萄柚品种比它的亲戚们甜很多。

白色火龙

食材：

1 个火龙果（红龙果，大约 400 克，参见小贴士）

100 克绿色的无籽葡萄

4 片胡椒薄荷叶

1 汤匙冰冻柠檬汁

1 汤匙鲜榨青柠檬汁

75 毫升苦柠檬水（按个人喜好添加）

异国风韵

容器： 一个容量 350 毫升的玻璃杯

制作时间： 10 分钟

能量： 每杯约 255 千卡热量，1 克蛋白质，1 克脂肪，61 克碳水化合物

步骤：

1. 将火龙果横着切成两半，从中间切取一片不太厚的果肉放在一边用于装饰。将两半果实去皮（用锋利的刀把果皮刮两到三次，这样才能剥下厚厚的粉色果皮）。将剥出的果肉切成块状备用。

2. 将葡萄洗净并从梗上摘下。把薄荷叶洗净切成条状。

3. 把葡萄、薄荷叶和冰冻柠檬汁以及鲜榨青柠檬汁一起放进搅拌机里彻底地打成糊状。

4. 然后加入火龙果肉，继续搅拌，直至黏稠（不要太久，要保持火龙果黑色小籽的完整）。

5. 倒入玻璃杯，按个人口味还可以浇上苦柠檬水。再把刚才那片火龙果肉切开至中间一半处，作为装饰插在杯沿。再加上一根吸管就可以呈上桌啦。

小贴士

　　火龙果（红龙果）大多数有着白色的果肉，但也有粉红色的。红龙果比较不容易买到，但是味道一样好。用 100 克去核的樱桃来代替葡萄也一样美味哦。

粉色美丽莓（Meliberry）

食材：

150 克香瓜或者加利亚甜瓜

1/4 个苹果

1/2 根香蕉

1/2 个葡萄柚

50 克草莓

25 克蓝莓和覆盆子（可用 100 克冷冻混合浆果代替）

3 块冰块

1 茶匙龙舌兰糖浆

浆果遇见瓜

容器：一个容量 350 毫升的玻璃杯

制作时间：10 分钟

能量：每杯约 290 千卡热量，3 克蛋白质，2 克脂肪，64 克碳水化合物

步骤：

1. 用茶匙挖去香瓜瓜瓤，削皮，并将果肉切丁。洗净苹果，去核，把果肉切成小块。将香蕉切成块状。葡萄柚榨汁备用。

2. 小心地清洗浆果（草莓和覆盆子），仔细地挑拣。摘掉草莓的萼片，把果肉切成小块。如果用冷冻混合浆果代替的话，在把它们作为原材料加入其他成分之前需要解冻。

3. 将冰块磨碎。把香瓜、苹果、香蕉、浆果、葡萄柚和龙舌兰糖浆一起放入搅拌机，用最高挡位打成糊状。

4. 然后加冰继续搅拌一小会儿。将思慕雪倒入玻璃杯，插上吸管即可呈上。

花式做法：添加酒精

如果愿意的话，可以用黑色的醋栗代替蓝莓，然后再加上 40 毫升的伏特加和 30 毫升的卡西斯酒（黑色的醋栗利口酒）一起打成糊状。如果喜欢略酸涩的口感，可以再加入一小枝柠檬百里香混合在饮品里——再加不加酒精，其实都无所谓啦！

小贴士

另外，如果用冷冻水果的话，该饮品就不必再加冰了，直接用稍微解冻一些的水果作为原材料和其他材料一起搅拌即可。

甜瓜－蜜桃思慕雪

容器： 一个容量 350 毫升的玻璃杯

制作时间： 10 分钟

能量： 每杯约 130 千卡热量，3 克蛋白质，0 克脂肪，29 克碳水化合物

步骤：

1. 用茶匙挖去甜瓜的瓜瓤，将果肉从果皮上切下。将桃子洗净，对半分开，去核，按喜好去皮，然后切成块状。洗净葡萄。把香脂草叶或者马鞭草洗净，切成条状。

2. 将冰块磨碎。把甜瓜果肉、桃肉、葡萄和柠檬汁放入搅拌机彻底打成糊状。

3. 加冰，加入香脂草叶或者马鞭草，再把所有材料强力地搅拌一次。

4. 小心地将思慕雪倒入玻璃杯，插上吸管，即可开始享用。

食材：

300 克夏朗德甜瓜（处理后约 150 克）

3 个成熟的桃子

50 克绿色的无籽葡萄

3 片柠檬马鞭草（可用 4 片香脂草叶代替）

5 块冰块

一丁点儿柠檬汁

盛夏清爽

甜杏思慕雪

食材：

5 个成熟的甜杏

70 克黑色的醋栗

5 块冰块

150 毫升苹果汁

1~2 汤匙龙舌兰糖浆（按个人喜好添加）

惬意的微酸

容器：一个容量 350 毫升的玻璃杯

制作时间：10 分钟

能量：每杯约 520 千卡热量，1 克蛋白质，0 克脂肪，123 克碳水化合物

步骤：

1. 将甜杏洗净，对半切开，去核，然后把果肉粗略地切成块状。将醋栗洗净，用叉子将其从梗上撸下。

2. 将冰块磨碎。把甜杏、醋栗和苹果汁一起放入搅拌机，用最高挡位将所有材料彻底打成糊状。

3. 按个人的甜度喜好添加龙舌兰糖浆，加冰，然后再次强力搅拌。将思慕雪倒入玻璃杯，插上吸管即可。

花式做法：添加酒精

　　加入 50 毫升伏特加和 40 毫升甜杏白兰地一同打成糊状，然后一定要用龙舌兰糖浆提高甜度。

奶 油 篇

顺滑，更顺滑，最顺滑！这里有世界上最好的水果。加上奶制品、冰块或者豆奶，可以让水果饮品更加黏稠。这样做出来的思慕雪不仅口感好，而且还可以代替一顿早餐，或者一道点心——当天气炎热的时候，这就是再正确不过的选择！

早餐思慕雪

每天早餐一份麦片实在是太单调了。

这份思慕雪不但能让人吃饱，而且制作更加便捷，饮用后令人神清气爽。

食材：

4 个多汁的、烘干的海枣（椰枣）

1/2 个大梨

1 个小的甜苹果

5 个榛子

4 块冰块

2 汤匙混合谷物片（或者混合麦片）

1 小撮肉桂粉

125 毫升牛奶

小点缀：

3 个榛子

新式麦片

容器：一个容量 350 毫升的玻璃杯

制作时间：10 分钟

能量：每杯约 475 千卡热量，11 克蛋白质，22 克脂肪，32 克碳水化合物

步骤：

1. 把海枣竖着切开，去核，把果肉切成块状。

2. 将梨洗净，竖着对半切开，去核，把果肉切成块状。把苹果四等分，去核，把果肉切成块状。用刀把用于小点缀的榛子粗略地剁碎。将冰块磨碎。

3. 先放梨，然后放海枣和苹果，再把完整的榛子放进搅拌机。撒上麦片和肉桂粉，最后再浇上牛奶。所有的材料用最高挡位打成黏稠的糊状。

4. 加冰，然后再进行长时间的搅拌，直到一份黏稠的思慕雪诞生。将其倒入玻璃杯，然后撒上剁碎的榛子。

花式做法：李子－香蕉思慕雪

做一份李子－香蕉思慕雪，需要用锅把 5 个烘干的去核软李子和 1 个橙子的橙汁煮开后冷却，然后放置一整夜。将冷却的果肉切成块状，连同橙汁、1 根香蕉、3 个切成小块的李子和 150 毫升冰镇发酵酸奶一起放入搅拌机中。加入 3 小撮肉桂粉、1 撮丁香粉、1 汤匙柠檬汁和 1 汤匙松脆麦片，然后将所有材料搅拌成一份黏稠的思慕雪。

浆果云朵

食材：

80 克草莓

25 克覆盆子和红醋栗

5 个小蛋白酥皮甜饼（约 8 克）

2 块冰块

120 毫升牛奶

2 汤匙奶酪

1 袋香草砂糖

1 颗漂亮的草莓

1 株薄荷

松松脆脆哒

容器：一个容量 350 毫升的玻璃杯

制作时间：10 分钟

能量：每杯约 305 千卡热量，6 克蛋白质，14 克脂肪，37 克碳水化合物

步骤：

1.留一颗草莓备用，其余的草莓和其他浆果一起洗净，小心地擦干。摘去草莓上的萼片。将醋栗用叉子从梗上撸下。

2.把蛋白酥皮甜饼用手指或者用擀面杖压成不太小的碎屑。

3.将冰块磨碎。把浆果、牛奶、奶酪和香草砂糖一起放进搅拌机里打成黏稠的糊状。

4.加冰，然后再将所有的材料强力搅拌，直到饮品足够黏稠和均匀。

5.将思慕雪倒入玻璃杯，小心地混入酥皮甜饼碎屑，留一些撒在表面上。

6.将备用的草莓洗净，在中间从下往上切但不要完全切开，这样可以把它插在杯子边缘，用作装饰。薄荷洗净，甩干，然后插在饮品上。

小贴士

这份混合饮品在小孩子们过生日时是非常受欢迎的。我会加入一些奶油，然后再在上面撒上一些粉色和白色混合的酥皮甜饼屑。

如果再加上一些小块的粉色棉花糖，一定会让小朋友们高兴坏的！

小小甜杏

食材：

1 个黄色的蜜桃

3 个甜杏

3 个李子

40 克杏仁糖

100 毫升牛奶

5 块冰块

6 块小杏仁饼

美味的甜杏

容器：两个容量 500 毫升的玻璃杯

制作时间：15 分钟

能量：每杯约 640 千卡热量，9 克蛋白质，14 克脂肪，92 克碳水化合物

步骤：

1.将蜜桃、甜杏和李子洗净，然后擦干。将果实分成两半，去核，接着全部粗略地切成块状。

2.将杏仁糖用素食刮刀刮成末。将杏仁糖末和果肉块以及牛奶一起放入搅拌机，彻底打成糊状。

3.将冰块磨碎。加冰，将所有的材料用最高挡位搅拌至黏稠。然后加入 5 块小杏仁饼，再稍微搅拌一小会儿。

4.将做好的思慕雪倒入玻璃杯中。把剩下的小杏仁饼捏碎撒在思慕雪表面，然后就可以呈上啦。

小贴士

如果不喜欢思慕雪里残留的小片果皮，可以将水果削皮（但是大部分的维生素都存在于果皮之中），也可以在果皮上刻十字花，然后浇上开水，直到果皮可以剥落为止。一般将水果放在开水里 5 分钟再拿出，就可以去掉果皮了。

帕帕椰子（Papacoco）奶油

食材：

2 汤匙鲜榨青柠檬汁

2 汤匙椰蓉

200 克木瓜

100 克草莓

2 个成熟的甜杏

1/2 根香蕉

3 块冰块

1 汤匙香草酸奶（可以用一般酸奶代替）

1/2 茶匙香草砂糖

满满椰果香

容器： 一个容量 350 毫升的玻璃杯

制作时间： 15 分钟

能量： 每杯约 385 千卡热量，3 克蛋白质，2 克脂肪，72 克碳水化合物

小贴士

　　如果在榨汁前，略用力地把青柠檬、柠檬或者橙子放在固定的底板上来回滚动几下，水果会出汁更多哦。

步骤：

1. 为了装饰，可以把青柠檬汁倒在平底小碟中，然后将玻璃杯的边缘沾湿。

2. 把 1 汤匙椰蓉撒在小盘子里，然后将玻璃杯边缘在其上转动，这样杯子边缘就会沾满椰蓉粉末。

3. 将木瓜去皮，对半切开，去籽，然后粗略地切成块状。将草莓洗净，摘去萼片，按大小对半切开。

4. 甜杏洗净，对半切开，去核，然后把果肉切小。香蕉去皮，切成块状。

5. 将冰块磨碎。先放酸奶，然后把水果、香草砂糖和剩下的椰蓉一起放入搅拌机打成糊状，直至黏稠。

6. 加冰，然后一直搅拌至思慕雪足够黏稠，最后小心地倒进玻璃杯里即可呈上。

梅尔巴（Melba）思慕雪

食材：

2 个白桃或者油桃

6 颗覆盆子

5 颗草莓

3 块冰块

2 个香草冰激凌球

跟店里的冰激凌一模一样

容器： 一个容量350毫升的玻璃杯

制作时间： 15 分钟

能量： 每杯约165千卡热量，2克蛋白质，4 克脂肪，28 克碳水化合物

步骤：

1.将桃子洗净，对半切开，去核，把果肉切成块状——如果不喜欢皮，也可以在之前把桃子皮去掉（参见小贴士，第45页）。

2.覆盆子和草莓洗净备用，将草莓的萼片摘除。

3.将冰块磨碎。把桃、覆盆子、草莓和香草冰激凌放进搅拌机，用最高挡位打至黏稠。

4.加冰，并再次强力搅拌。将思慕雪倒入玻璃杯，插上吸管即可享用。

小贴士

新鲜浆果的出产季节很短，因此，最好购买一些熟透的果实冷冻起来备用。首先，你需要把它们处理干净（别洗，如果洗了一定要很好地晾干或者小心地轻轻擦干），然后铺在一个烤盘上，放进冰箱深度冷冻。待浆果冻透以后，将其放入冷藏袋。这样它们相互之间就不会粘连，方便以后单独取出使用(比如对这份食谱就很理想)，在搅拌之前可以略微解冻一下（这也可以节省冰块哦）。

花式做法：添加酒精

这款思慕雪如果加入50毫升的杏仁酒或者杏仁口味的白兰地也是上佳的选择。最好再在上面加上一点没有完全搅拌均匀的黏稠的奶油。

蓝莓天空

一场真正的仲夏之梦——比起咖啡和小蛋糕，我更愿意给大家呈上这款思慕雪，
搭配的小食也是杏仁长饼。

食材：

200 克蓝莓

1 个白桃或者油桃

4 块冰块

200 克香草酸奶

1 汤匙磨碎的栗子

1 ～ 2 块杏仁长饼

浆果的浓烈

容器：一个容量 350 毫升的玻璃杯

制作时间：15 分钟

能量：每杯约 435 千卡热量，13 克蛋白质，
17 克脂肪，53 克碳水化合物

花式做法：赤色云朵

　　由于蓝莓非常容易买到（冷冻的也一样），所以我还尝试了制作另外一种饮品，不加酸奶，而是加我最喜欢的水果石榴。这种做法只需将一个石榴榨汁（参见第 29 页），加 1 个橙子的汁和 1 小根香蕉，然后每 125 克蓝莓或者覆盆子配 4 块切小的冰块，一起放入搅拌机搅拌均匀即可。

步骤：

1. 将蓝莓洗净并晾干。把白桃或者油桃洗净，在表皮划十字花。在小锅里烧开水，将桃子放入，5 分钟后拿出。然后用刀轻轻地刮去果皮，从果核上将果肉切下。

2. 将冰块磨碎。把蓝莓、白桃或油桃、香草酸奶一起放入搅拌机，用最高挡位打成糊状。加冰，并再次强力搅拌，之后加入栗子碎，再搅拌均匀。

3. 倒入玻璃杯。如果再加上 1 ～ 2 块杏仁长饼味道会更好。

小贴士

　　用思慕雪可以给孩子做出富有魔力的小点心。只需将思慕雪倒在一个小碟子上，然后放上一个香草冰激凌球，再插上一把小伞作为装饰。或者把思慕雪倒入做冰棒的模具，然后冷冻。双色的冰棒看起来会更加漂亮。只需先将水果思慕雪倒入模具冷冻，然后再倒入水果酸奶思慕雪（或者直接给水果思慕雪加上一些酸奶），之后再将其全部冷冻即可。

粉色的回忆

食材：

4 块冰块

250 毫升糖煮大黄（参见下面的食谱，或者用玻璃杯里的成品代替）

4 颗大草莓

5 颗覆盆子

2 汤匙酸奶

1 汤匙接骨木花糖浆

酸酸的趣味儿

容器：一个容量 350 毫升的玻璃杯

制作时间：10 分钟

能量：每杯约 105 千卡热量，2 克蛋白质，1 克脂肪，19 克碳水化合物

步骤：

1. 将冰块磨碎。把糖煮大黄放入搅拌机。草莓洗净，将其中 3 颗草莓的萼片去除，另外 1 颗草莓留作装饰用。

2. 覆盆子洗净，然后把草莓、覆盆子、酸奶和接骨木花糖浆一起放入搅拌机。

3. 用最高挡位将所有材料打成糊状。加冰，然后再彻底地搅拌均匀，倒入玻璃杯。

4. 把之前留下的那颗草莓从下往上切至中间，插在玻璃杯沿。插上吸管即可享用。

花式做法：糖煮大黄

　　天气特别炎热的时候，我的姑妈艾拉会专门拿稀释的糖煮大黄招待大家。我觉得它在炙热的夏日带来了一份清凉，简直是完美的夏日饮品。所以我每次都会多做一些，而且还会冷冻一部分。1 升糖大约煮 1 公斤大黄。将大黄清洗干净，去皮，切成约 2 厘米长的小块，然后同三分之一个已经加工成糊状的香草和切成 3 厘米长的新鲜生姜一起放入热锅。

　　加入 300 毫升水和 100 克糖（按照大黄的酸度或者按个人口味喜好），然后一边煮一边搅拌。水沸后开到中火盖上盖，接着再煮 10 分钟，直到大黄完全变软。如果愿意，还可以把所有东西再打成糊状。喝的时候再加入一些普通的或者加碳酸的水。

　　适合春季饮用的思慕雪还有一种花式做法，那就是用 300 毫升的糖煮大黄和 100 克草莓，再加上 3 ~ 4 块冰块一起搅拌成糊状。

樱桃-巧克力思慕雪

食材:

150 克酸樱桃

1/2 个香蕉

20 克微酸口味巧克力

100 克奶油

1/2 茶匙糖

1 茶匙樱桃烧酒（按个人喜好添加）

4 块冰块

3 汤匙全脂酸奶

1 汤匙香草冰激凌

1/2 茶匙巧克力屑

1 颗漂亮的樱桃

夏天的快乐

容器: 一个容量 350 毫升的玻璃杯

制作时间: 15 分钟

能量: 每杯约 605 千卡热量，6 克蛋白质，44 克脂肪，44 克碳水化合物

步骤:

1.将樱桃洗净，切成两半，去核。香蕉去皮，切成块状。巧克力粗略地剁碎。

2.把用于装饰的奶油放进较高的搅拌杯里，用手动打蛋器将其打至黏稠，其间一点一点地加糖，最后再按个人口味添加樱桃烧酒。

3.将冰块磨碎。把樱桃、香蕉、巧克力、酸奶和香草冰激凌一起放进搅拌机，用最高挡位打成糊状。

4.加冰，然后再把所有材料一起打至均匀的黏稠状。

5.把思慕雪倒入玻璃杯，在上面挤上备好的奶油。再撒上巧克力屑，然后把那颗用于装饰的漂亮的樱桃放在上面。插上吸管即可享用。

小贴士

　　樱桃去核是件麻烦的事情，制作这款饮品可以使用超市里买来的已经去核的冷冻樱桃。只需要将其解冻，然后额外添加100毫升的牛奶就可以了。这样就不用再加冰块啦。

甜杏漩涡

食材：

4 个杏

1 个橙子

2½ 汤匙砂糖

1 小撮肉桂粉

1 茶匙黄油

1 根香蕉

5 块冰块

100 毫升冰脱脂乳

焦糖甜杏

容器： 一个容量 350 毫升的玻璃杯

制作时间： 15 分钟

能量： 每杯约 630 千卡热量、6 克蛋白质、5 克脂肪、135 克碳水化合物

步骤：

1. 将甜杏洗净晾干，对半切开，去核后粗略地将果肉切成块状。把橙子对半切开并榨汁。将砂糖放入平底不粘锅内，中火熬成金棕色的焦糖。

2. 把甜杏块、橙汁再加上肉桂用中火一边搅拌一边煮，直到杏肉开始变软，煮熟一分钟后加入黄油搅拌均匀。把锅从炉灶上端下，冷却 5 分钟。

3. 把熬好的甜杏浆用筛子过滤，然后把甜杏肉放一边备用，在甜杏汁里浇上熬好的焦糖汁。

4. 香蕉去皮切成块状。将冰块磨碎。把香蕉、晾干的甜杏肉和脱脂乳一起放入搅拌机用最高挡位打成糊状。

5. 加冰，之后再度强力搅拌，然后倒入玻璃杯。

6. 把过滤好的甜杏－焦糖汁螺旋形地浇在思慕雪上，插上吸管即可享用。

小贴士

在短暂的甜杏出产期过后，我们可以使用软杏干代替。先将其过一遍烫水，然后浸泡 5 分钟，再按照刚才的方法制作就可以啦。

香蕉 – 番红花拉西（Lassi）

在做完瑜伽之后，我最喜欢这款饮品：
它能带来饱腹感，更妙的是，它尝起来实在是不能更赞了……

食材：

2 小撮磨碎的番红花

1 个橘子

1½ 根香蕉

1 茶匙砂糖

2 小撮磨碎的豆蔻

100 克酸奶（10% 脂肪）

5 块冰块

来自印度的灵感

容器： 一个容量 350 毫升的玻璃杯

制作时间： 20 分钟

能量： 每杯约 315 千卡热量，6 克蛋白质，10 克脂肪，51 克碳水化合物

步骤：

1. 将番红花放入小玻璃杯内，倒入 2 汤匙开水，然后静置 15 分钟。

2. 将橘子去皮，分成小瓣，然后尽可能将所有的白色经络去除。接着切成块状，注意保留好汁水，然后去籽。将香蕉去皮，然后切成小块。

3. 将冰块磨碎。把橘子连同汁水、泡番红花的水、香蕉、砂糖、豆蔻和酸奶一起放入搅拌机搅拌，直到所有材料搅拌成黏稠的糊状。

花式做法：拉维的芒果拉西

拉西是一种来自印度的带有酸奶和脱脂牛奶的饮品。传统的口味是番红花 – 酸奶拉西或者芒果拉西，它可以在酷热的东南亚季风时节带来令人舒适的凉爽。我来自德里的朋友拉维是这样制作芒果拉西的：将 2 个熟透的芒果（600 克）去皮，把果肉从果核上切下，粗略地切小。然后把芒果肉和 100 克酸奶（最好是脂肪含量为 10% 的酸奶），以及 3 小撮磨碎的番红花粉一起放入搅拌机打成糊状。加入 10 块磨碎的冰块，然后再度搅拌，直至一份黏稠的思慕雪完成。

木瓜 - 椰子思慕雪

无酒精的百加得口感

容器：一个容量350毫升的玻璃杯

制作时间：10分钟

能量：每杯约190千卡热量，3克蛋白质，3克脂肪，25克碳水化合物

步骤：

1.将木瓜对半切开，用勺子去籽，接着去皮，然后把果肉切小。

2.把香蕉去皮切成块状。把柠檬草的茎以及上端切除，只保留下面大约10厘米的部分。将其先竖着等分为四段，然后切成小碎块。

3.将冰块磨碎。把木瓜、香蕉、柠檬草、椰奶和西番莲果汁一起放入搅拌机，用最高挡位打成糊状。

4.加冰，然后再次强力搅拌。倒入玻璃杯，按个人口味适量添加开心果碎即可。

食材：

1个小木瓜（约250克）

1/2根香蕉

1株柠檬草

3块冰块

100毫升椰奶

80毫升冰西番莲果汁

1茶匙切碎的开心果（按个人喜好添加）

菠萝－椰子思慕雪

食材：

300 克成熟的菠萝

1/2 根香蕉

1/2 个柠檬

1/2 个橙子

3 块冰块

100 毫升冷藏后的椰奶

加勒比风味

容器：一个容量 350 毫升的玻璃杯

制作时间：10 分钟

能量：每杯约 260 千卡热量，3 克蛋白质，2 克脂肪，54 克碳水化合物

步骤：

1.将菠萝削皮，用锋利的刀将菠萝头切掉。把菠萝的硬刺全部挖去，将果肉切成块状。

2.把香蕉去皮，切成块状。柠檬和橙子榨汁，保留好果汁。

3.把冰块磨碎。将菠萝、香蕉、椰奶、橙汁和柠檬汁一起放入搅拌机，用最高挡位打成糊状。

4.加冰，然后搅拌至黏稠。倒入玻璃杯后即可开始享用。

花式做法：添加酒精

此种思慕雪加上 60 毫升的朗姆酒即可成为一杯鸡尾酒。

樱桃 - 黄豆思慕雪

容器：一个容量350毫升的玻璃杯

制作时间：15分钟

能量：每杯约265千卡热量，8克蛋白质，4克脂肪，49克碳水化合物

步骤：

1. 将樱桃洗净，晾干并且去核。

2. 把香蕉去皮并切成块状。用一把锋利的刀将香草荚沿着长边剖开，再用小刀不太锋利的一面把香草荚中心部分的香草籽刮出。

3. 把冰块磨碎。将樱桃、香蕉、香草籽和豆浆一起放进搅拌机打成糊状。

4. 加冰，然后再度强力搅拌，直到一杯黏稠的思慕雪制作完成。

5. 把制成的思慕雪倒入玻璃杯，插上吸管即可享用。

食材：

100克酸樱桃（可用80克轻微解冻的冷冻酸樱桃代替）

1根大香蕉

1根香草荚（约1厘米长）

5块冰块

150毫升尽可能凉的豆浆

超级冰激凌奶昔

杏仁乳思慕雪

食材：

120 克深色酸甜樱桃

50 克草莓

100 克覆盆子

1 个橙子

125 毫升杏仁乳（从绿色食品专卖店购买）

2 ～ 3 汤匙龙舌兰糖浆（按个人喜好添加）

孩子们的最爱

容器： 一个容量 350 毫升的玻璃杯

制作时间： 10 分钟

能量： 每杯约 540 千卡热量，3 克蛋白质，
3 克脂肪，120 克碳水化合物

步骤：

1.将樱桃洗净并去核。把草莓洗净并摘除
萼片。小心地清洗覆盆子然后择选。

2.把所有的水果晾干，放入保鲜袋冷冻 2
小时。

3.把橙子对半切开，榨汁，然后和杏仁乳一
起放入搅拌机。再加入冷冻好的水果，然后
用最高挡位将所有材料打成糊状。

4.按个人口味适当用龙舌兰糖浆提高甜度
并且再次搅拌，直到思慕雪变成均匀且黏
稠的糊状。将制成的思慕雪倒入玻璃杯后
即可开始享用。

烤苹果思慕雪

如果喜欢，可以做双倍分量的烤苹果，

这样，第二天就有现成的思慕雪吃啦，而且味道不变哦。

食材：

1 个大苹果

1 汤匙磨碎的榛子

1 茶匙柠檬汁

1/4 ～ 1/3 茶匙肉桂粉

2 汤匙蜂蜜

1 汤匙软黄油

5 块冰块

2 汤匙凝乳

1 茶匙朗姆酒（可用 1 ～ 2 滴朗姆香精代替）

3 块五香饼干（按个人喜好）

1 汤匙蔓越莓（玻璃瓶装）

甜红葡萄酒替代品

容器：两个容量 350 毫升的玻璃杯

制作时间：10 分钟

加热时间：25 分钟

冷却时间：40 分钟

能量：每杯约 255 千卡热量，5 克蛋白质，14 克脂肪，27 克碳水化合物

步骤：

1. 将烤箱预热到 200℃。将苹果洗净，用去果核的模具挖去苹果核。将榛子与 1 茶匙柠檬汁和 1/4 茶匙肉桂粉混合，然后调入 1 汤匙蜂蜜和 3/4 汤匙黄油，用叉子搅拌，直到成为均匀黏稠的坚果蓉浆。将蓉浆倒进去核的苹果里并且盖紧。把剩下的黄油雪花状地铺在面上。将苹果放置在小的耐热模具里，放进热好的烤箱（中火）烤 20 ～ 25 分钟，然后冷却。

2. 将冰块磨碎。把冷却好的苹果四等分。把果肉连同里面的浆汁一起从果皮上刮下，然后放进搅拌机里。加入凝乳、朗姆酒或者朗姆香精、剩下的蜂蜜、肉桂和柠檬汁，一起打成糊状。加冰，然后再把所有材料强力搅拌。把五香饼干粗略地掰碎，留大约 1 茶匙备用，其他的一起打成糊状。将思慕雪倒入玻璃杯，把刚才剩下的饼干屑撒上，再放上蔓越莓。

花式做法：星形肉桂思慕雪

　　星形肉桂思慕雪是一款非常棒的冬季饮品，没有水果也能制作。我做的时候会把 150 毫升冰牛奶、3 个核桃冰激凌球和 1 汤匙榛子酱（从绿色食品专卖店购买），以及 3 小撮肉桂粉一起放入搅拌机。然后把 4 个星形肉桂（最好是干的）弄碎，留一些放一边备用，其他的都磨碎后一起搅拌。然后把留下的星形肉桂磨碎，撒在制成的思慕雪上。

无花果 – 核桃思慕雪

这种滋味让我想起了假日时光——其实喝掉挺可惜的,

用勺子舀着吃才叫享受呢……

食材:

3 个大的新鲜的无花果

1 个橙子

1 根香草荚(大约 1 厘米)

1 汤匙砂糖

3 汤匙甜红酒

1 块有机柠檬的果皮

3 块冰块

2 汤匙酸奶(10% 脂肪含量)

80 毫升牛奶

小点缀:

8 个核桃仁

1 汤匙砂糖

1/2 茶匙黄油

5 汤匙奶油

向往远方的饮品

容器: 两个玻璃杯(容量 175 毫升)

制作时间: 15 分钟

腌制时间: 6 ~ 8 小时

能量: 每杯约 355 千卡热量,37 克蛋白质,25 克脂肪,25 克碳水化合物

步骤:

1. 将无花果洗净,去掉叶柄,将果肉四等分。把橙子对半切开并榨汁。把香草荚中的香草籽刮下。将砂糖放入平底不粘锅熬成金棕色的焦糖。把无花果切面向下地放在焦糖上,轻微地熬一下,然后按个人喜好浇上甜红酒。再加入橙汁、香草籽和柠檬皮,其间将无花果翻面,使其完全受热并浸满酱汁。从炉灶上端下,把所有的材料都倒在小碟子里,然后尽量冷却几个小时,或者静置一夜。

2. 把用于点缀的核桃仁放进无油的锅里烘焙一下,直到炒出香味,倒出冷却,然后粗略地切小。用同一个平底锅将砂糖融化并熬成焦糖。倒入黄油和奶油,煮开,再加入核桃仁,用文火熬成浓厚的焦糖,从锅中倒出。

3. 将冰块磨碎。把柠檬皮从无花果酱汁中捞出,把酱汁连同无花果一起倒入搅拌机。再将酸奶和牛奶加入。用最高挡位将所有的食材打成糊状。加入磨好的碎冰,再度强力搅拌。倒入玻璃杯,然后浇上熬好的核桃焦糖。

小贴士

如果要做成一份小点心的话,只需再浇上 2 ~ 3 汤匙甜葡萄酒,然后呈上的时候,在焦糖里放置一个核桃冰激凌球即可。另外,无花果的出产季节是每年 7 月至 10 月。

辛辣的橙子

食材：

3 个橙子（可榨约 300 毫升汁）

2 汤匙砂糖

1 个茴香

1/2 个桂皮

3 个绿色的豆蔻荚

1 个成熟的梨

1/2 根香蕉

50 克无籽绿葡萄

4 块冰块

2 汤匙凝乳（20% 脂肪含量）

极致香浓口感

容器： 一个容量 350 毫升的玻璃杯

制作时间： 20 分钟

冷却时间： 12 小时

能量： 每杯约 340 千卡热量，6 克蛋白质，2 克脂肪，71 克碳水化合物

步骤：

1. 将橙子榨汁。把橙汁、砂糖和香料（茴香、桂皮和豆蔻）一起放入小锅，之前要先用研钵或者足够硬的器具把豆蔻荚研磨好。

2. 用大火炖煮，直至汁液熬去约三分之一，成为糖浆状，然后冷却（也可以直接静置一夜），接着用细筛过滤橙子糖浆。

3. 将梨洗净，四等分，去核，然后把果肉切成块状。把香蕉去皮，切成块状。再把葡萄洗净，并从梗上摘下来。

4. 将冰块磨碎。把梨、香蕉、葡萄和凝乳一起放入搅拌机，用最高挡位打成糊状。

5. 加冰，然后再次强力搅拌。把制作完成的思慕雪倒进玻璃杯，螺旋状地淋入橙子糖浆，再插上吸管即可。

小贴士

如果我手上正好有多汁的血橙的话，有时候我也会把它加入这款思慕雪里，因为我很喜欢这种耀眼的颜色。或者，更加精致的做法是，用一半普通橙子加一半血橙来制作这款思慕雪。

普罗旺斯（Provençal）

食材：

150毫升牛奶

3/4茶匙干薰衣草花（参见小贴士）

1汤匙黄油

1汤匙杏仁片

1茶匙绵白糖

6个杏仁

2汤匙红色醋栗

5块冰块

1汤匙（薰衣草）蜂蜜

夏天的味道

容器：一个容量350毫升的玻璃杯

制作时间：20分钟

冷却时间：3小时

能量：每杯约725千卡热量，7克蛋白质，19克脂肪，127克碳水化合物

步骤：

1. 把牛奶和薰衣草花一起放入锅中煮开一次。再盖上锅盖以文火煮3分钟，然后冷却，再放入冰箱冷藏3个小时。

2. 用筛子过滤牛奶，把滤好的牛奶放入冰箱冷藏。

3. 用平底不粘锅将黄油融化。加入杏仁片，撒上绵白糖并搅拌，直到黄油略微变棕，然后将锅放在厨房用纸上冷却。

4. 将杏仁洗净，去核后切成块状。把醋栗洗净。将冰块磨碎。

5. 把杏仁、醋栗、薰衣草牛奶和蜂蜜一起放入搅拌机打成糊状。

6. 加冰，然后再度强力搅拌。倒入玻璃杯，铺上冷却的黄油杏仁片，然后插上一把长勺子即可。

小贴士

在许多绿色食品专卖店或者网上店铺可以买到烘干的薰衣草花。一定要买可食用的，因为薰衣草有很多其他的种类，比如用于化妆的薰衣草。自家庭院里种的薰衣草也要注意这一点。如果是可食用的品种，那么在制作饮品的时候使用鲜花也是可以的。

非主流篇

　　我也会时不时地错把一小块蔬菜、一种外来的香料或者一些厨房用的香菜放进搅拌机……要是弄些芹菜、茴香、丁香或者一点苏打水放进一杯思慕雪里会怎样？你不妨尝试一下。别怕，水果还是自始至终的主角，无论如何都会美味的。

佩吉（Peggy）花生

花生、黄油、三明治加果子冻真的是非常经典的早餐美食搭配。
这一份思慕雪尝起来也很有花生香味儿，而且更加健康哦。

食材：

150 克菠萝

1 根香蕉

1 个橙子

1/2 个柠檬

4 块冰块

1 汤匙花生酱

2 汤匙酸奶

小点缀：

约 15 克花生条

更丝滑的享受

容器：一个容量 350 毫升的玻璃杯

制作时间：10 分钟

冷却时间：3 个小时

能量：每杯约 415 千卡热量，11 克蛋白质，
13 克脂肪，61 克碳水化合物

步骤：

1. 菠萝削皮，切掉菠萝头，把硬刺全部挖去，将果肉切成小块。将香蕉去皮，切成块状。把橙子和柠檬分别榨汁。

2. 将冰块磨碎。把菠萝、香蕉、橙汁和 3 汤匙柠檬汁放进搅拌机打成糊状。加入花生酱和酸奶，然后再搅拌均匀，直到变得黏稠。

3. 加入磨好的碎冰，仔细搅拌，或许还可以加一些柠檬汁提味儿。

4. 如果喜欢的话，可以在研钵里把花生条粗略地弄碎（或者将花生装进保鲜袋里，用擀面杖碾碎），然后把碎屑撒在思慕雪表面。

花式做法：塞米芝麻

佩吉花生最好的伙伴就是塞米芝麻，只需将 2 个血橙的果汁、1 茶匙青柠汁和 1 根小的切成段的香蕉，加上 1 汤匙芝麻酱（绿色食品专卖店有售），还有 1/3 茶匙的印度素咖喱（印度的混合香料，在分类较多的超市能买到）加入搅拌机，打成糊状。接着把 5 块磨碎的冰块加进去再度搅拌。如果愿意的话，这时候还可以撒上一些"脆饼"：把 1 块小的芝麻脆饼（约 25 克，绿色食品专卖店有售）弄碎（见上述食谱），然后撒在制作完成的思慕雪上。

大力水手的最爱

食材：

100 克梨

100 克绿色的无籽葡萄

25 克小菠菜

1/2 个鳄梨

4 块冰块

2 汤匙鲜榨青柠汁

1 茶匙砂糖（按个人口味添加）

绿色能量包 🍃

容器： 一个容量 350 毫升的玻璃杯

制作时间： 10 分钟

能量： 每杯约 260 千卡热量，2 克蛋白质，13 克脂肪，32 克碳水化合物

步骤：

1.将梨洗净晾干，竖着对半切开，挖出梨核，将果肉大致切成方块。

2.把葡萄洗净，稍微晾干些从梗上摘下。把菠菜洗净，择选好，放在漏网里。将鳄梨去核，用茶匙把果肉从果皮上刮下。

3.将冰块磨碎。把菠菜、梨、鳄梨、青柠汁、葡萄和砂糖一起放进搅拌机，打成糊状。

4.加冰，然后继续搅拌，直到黏稠的思慕雪诞生。将制作完成的思慕雪倒进玻璃杯，即可开始享用。

小贴士

　　如果还想更绿色（更健康）一些，可以把 2 汤匙切碎的欧芹制成酱状，然后加 1 汤匙切碎的薄荷叶、2 汤匙菜籽油、1 汤匙青柠汁和 1 汤匙蜂蜜，混合起来淋在做好的思慕雪上即可。

薄荷先生

食材：

100 克黄瓜

180 克哈密瓜

1/2 个青苹果

1 个橙子

1 块新鲜的生姜（约 1 厘米长）

2～3 片薄荷（参见小贴士）

3 块冰块

辣辣的怪味儿生姜汁

容器：一个容量 400 毫升的玻璃杯

制作时间：10 分钟

能量：每杯约 195 千卡热量，4 克蛋白质，1 克脂肪，41 克碳水化合物

步骤：

1.把黄瓜削皮并切成块状。用勺子挖去哈密瓜瓤，把果肉从果皮上切下并切成方块。

2.将苹果洗净，四等分，切除果核，然后切成小块。将橙子对半切开，榨汁。生姜削皮，切成小方块。把薄荷洗净，甩干，将叶片切成条。

3.把冰块磨碎。将黄瓜、哈密瓜、苹果和橙汁连同生姜、薄荷一起放进搅拌机，用最高挡位打成糊状。

4.加冰，然后再次搅拌，直到黏稠的思慕雪诞生。

5.将制作完成的思慕雪倒进玻璃杯即可享用。如果喜欢，还可以在炎热的夏季额外再添加些冰块。

小贴士

　　你有多种渠道可以买到薄荷。加入不同的薄荷品种，思慕雪会有不同的香味，也有不同的浓郁程度。纯正的胡椒薄荷（有时候也被叫作"英国薄荷"）是最有薄荷鲜味儿的一种。相比之下，亚洲或者摩洛哥薄荷味道会清淡一些。

木瓜-番茄思慕雪

食材:

350 克木瓜

1 个大番茄

1 个橙子

1 株柠檬草

1 根香草荚（约 2 厘米长）

1 根小红椒（不要太辣）

5 块冰块

1~2 滴鲜榨青柠汁

1 茶匙红糖

1/2 茶匙芝麻（按个人口味）

真的好辣……

容器: 一个容量 350 毫升的玻璃杯

制作时间: 10 分钟

能量: 每杯约 215 千卡热量，4 克蛋白质，2 克脂肪，24 克碳水化合物

步骤:

1. 用勺子将木瓜去籽，削去木瓜皮，然后将果肉切成块状。把番茄洗净，切成块状。把橙子对半切开，榨汁。

2. 把柠檬草上半部分和下段的茎干都去除，只有下面大约 10 厘米的部分可用。把外面的叶片都摘除，将中心部分尽可能细地切碎。

3. 用刀将香草荚沿长边剖开，然后将里面的香草籽刮下来。将红椒对半切开，去籽，然后切成小块。

4. 把冰块磨碎。按顺序先将橙汁、青柠汁和红糖放入搅拌机，然后是木瓜、番茄、柠檬草、香草籽和红椒。用最高挡位把所有材料打成糊状。

5. 加冰，然后再次强力搅拌。倒入玻璃杯，按个人口味在上面撒上芝麻即可。

小贴士

　　你也可以用大约半个木瓜，再加上 3 个成熟的甜杏或者 2 个黄李子，一起打成糊状，这款饮品也很棒。

黄色潜艇

食材:

200 克菠萝

150 克芒果

1 个黄心奇异果 (金色猕猴桃, 参见小贴士)

2 根芹菜

5 块冰块

150 毫升苹果汁

别样的惊喜 🍃

容器: 一个容量 350 毫升的玻璃杯

制作时间: 10 分钟

能量: 每杯约 300 千卡热量, 3 克蛋白质, 2 克脂肪, 66 克碳水化合物

步骤:

1. 将菠萝削皮, 切除菠萝头并挖去所有的硬刺, 把果肉切成块状。芒果去皮, 切成块状。奇异果去皮, 粗略地切小。

2. 把芹菜洗净, 择拣 (把最尖上的部分摘下放一边, 用作点缀), 必要时可以把芹菜秆 "漂泊", 也就是说可以用刀从下往上把过粗的纤维片掉, 接着把芹菜秆切成小段。

3. 把冰块磨碎。将奇异果、芒果、菠萝和芹菜连同苹果汁一起放入搅拌机, 用最高挡位把所有材料打成糊状。然后加冰, 并再次强力搅拌。

4. 把制作完成的思慕雪倒入玻璃杯, 按个人口味喜好撒上芹菜叶作为点缀, 即可开始享用。

小贴士

　　黄心奇异果是绿色奇异果的姐妹, 很好认出来, 因为它们都是 "光头", 而且有着光滑的表皮。比起绿色的奇异果, 它们尝起来口感更柔和更甜美, 让人联想到芒果或者甜瓜。

秋季风暴

容器：一个容量 350 毫升的玻璃杯

制作时间：10 分钟

能量：每杯约 135 千卡热量，1 克蛋白质，1 克脂肪，28 克碳水化合物

步骤：

1. 将梨和苹果洗净，四等分或者对半切开，将果核挖出，然后把果肉都切成小块。黑莓洗净，晾干水分。

2. 把冰块磨碎。将苹果、梨、黑莓、茴香和苹果汁一起放进搅拌机，用最高挡位彻底打成糊状。加冰，然后再次强力搅拌。

3. 将制作完成的思慕雪倒进玻璃杯，插上吸管即可享用。

花式做法：**姜汁汽水**

　　如果喜欢令人心痒痒的味道，那么可以把苹果汁换成 125 毫升姜汁汽水。用一半的姜汁汽水代替果汁，和其他材料一起打成糊状，然后在制作完成的思慕雪上浇上剩下的汽水即可。

食材：

1 个小梨

1/2 个成熟的苹果

80 克黑莓

4 块冰块

2 小撮磨碎的茴香

100 毫升冰苹果汁

秋季思慕雪

苦味儿西瓜

食材：

350 克西瓜（净重约 200 克）

180 克草莓

1/2 个橙子

4 块冰块

2 汤匙鲜榨青柠汁

1 汤匙砂糖（按个人口味喜好）

100 毫升无酒精餐前苦开胃酒

阳台上的夏天

容器：一个容量 350 毫升的玻璃杯

制作时间：10 分钟

能量：每杯约 245 千卡热量，3 克蛋白质，
2 克脂肪，47 克碳水化合物

步骤：

1. 将西瓜肉从皮上切下，然后粗略地切成
小块，并且去除西瓜籽。将草莓洗净，摘
除萼片。橙子榨汁备用。

2. 把冰块磨碎。将西瓜、草莓、橙汁和青
柠汁一同放入搅拌机打成糊状。

3. 按个人口味喜好加入砂糖，加冰，然后
再次强力搅拌。倒入玻璃杯，浇上苦开胃
酒即可。

花式做法：**添加酒精**

可用 60 毫升阿佩罗或者金巴利代替
苦开胃酒。

西贡小姐

容器：一个容量 350 毫升的玻璃杯

制作时间：10 分钟

能量：每杯约 215 千卡热量，2 克蛋白质，1 克脂肪，47 克碳水化合物

步骤：

1. 把西瓜从瓜皮上切下，并切成块状，然后尽可能彻底地去除西瓜籽。用勺子挖去甜瓜瓤，把果肉从果皮上切下。生姜削皮，切成小方块。

2. 青柠汁和红糖放在小碟里搅匀，直到红糖完全溶化。把薄荷洗净，甩干水分，将叶片摘下，切成条状。

3. 把冰块磨碎。将西瓜、甜瓜、生姜、薄荷和红糖青柠汁混合物放入搅拌机，彻底打成糊状。加冰，然后再度搅拌，最后倒入玻璃杯。

食材：

350 克西瓜（净重 200 克）

200 克夏朗德甜瓜

1 块新鲜生姜（2 厘米）

4 汤匙鲜榨青柠汁

2 汤匙红糖

1 株薄荷（品种选择参见第 79 页小贴士）

6 块冰块

令人神清气爽的夏季鸡尾酒

幸运荔枝

食材：

10 颗荔枝

1 个橙子

1 根香蕉

1 个小苹果

5 块冰块

80 毫升樱桃果汁

1 勺冰柠檬果汁

异域风情 🍃

容器：一个容量 350 毫升的玻璃杯

制作时间：10 分钟

能量：每杯约 320 千卡热量，4 克蛋白质，
1 克脂肪，71 克碳水化合物

步骤：

1. 荔枝去皮，把果肉对半切开，去除果核。
将香蕉去皮，切成块状。橙子对半切开并
榨汁。将苹果四等分，去除果核，然后将
果肉切成小块。

2. 把冰块磨碎。将荔枝、香蕉、苹果、樱
桃果汁和橙汁一起放进搅拌机，用最高挡
位将所有材料打成糊状。加冰，然后再度
强力搅拌。

3. 把思慕雪倒进玻璃杯，最后再将冰柠檬
果汁加入即可。

小贴士

　　我个人觉得，用 100 毫升的荔枝柠檬
汽水代替冰镇果汁味道也很不错。

金橘椰子的梦

食材:

200 毫升椰子汁

280 克菠萝

150 克芒果

5 个金橘

1 汤匙鲜榨青柠汁

1 汤匙椰蓉

2 汤匙红糖

让人精力充沛的运动饮料 🍃

容器:一个容量 350 毫升的玻璃杯

制作时间:10 分钟

冷冻时间:4 小时

能量:每杯约 485 千卡热量,4 克蛋白质,10 克脂肪,96 克碳水化合物

步骤:

1. 从椰汁里量出 150 毫升,倒入制冰盒或者制冰袋,放进速冻层进行冷冻,把剩下的放入冰箱保鲜。

2. 把菠萝削皮,切掉菠萝头,挖去菠萝的硬刺,然后将果肉切成块状。芒果去皮切成块状。金橘用热水洗净,晾干,竖分为四等份,去籽,将果肉和果皮一起尽可能地切小,然后榨汁。

3. 用青柠汁把玻璃杯口沾湿,然后沾满椰蓉做装饰(剩下的青柠汁保存起来)。将冻好的椰汁冰块磨成冰沙。

4. 把金橘汁连同果肉一起和剩下的青柠汁、芒果以及菠萝一起放入搅拌机。加入红糖和 50 毫升冷的椰汁,然后用最高挡位尽可能把所有材料全部打成糊状。

5. 加入磨碎的椰汁冰沙并且再度搅拌,最后倒入玻璃杯,插上吸管即可。

小贴士

　　椰子汁是未完全成熟的椰子所含的清澈果汁。与奶状的白色椰奶(由椰肉榨成)相比,它热量较低,而且有真正的滋补效果,因为它富含钾、镁和钠元素,非常适合喜欢运动的人。椰子汁可以从绿色食品专卖店、药店或超市买到盒装的。

小红帽

食材:

50 克红色醋栗、覆盆子或蓝莓（或用 150 克冷冻混合浆果代替）

1 颗生的红甜菜（约 80 克，参看小贴士）

2 个橙子

1 汤匙蜂蜜

酸酸的

容器: 一个容量 350 毫升的玻璃杯

制作时间: 10 分钟

冷冻时间: 3 小时

能量: 每杯约 285 千卡热量，5 克蛋白质，5 克脂肪，59 克碳水化合物

步骤:

1. 对浆果进行择选，小心地清洗然后放在漏盆上晾干。把醋栗用叉子小心地从梗上撸下。然后将浆果放入冷藏袋，将袋子平铺放置在冷冻层，冷冻 3 小时。

2. 红甜菜清洗干净，用削皮刀薄薄地削皮，接着切成小方块。（其间，一定要戴上橡胶手套，红甜菜染色能力很强，会留下清洗不掉的色斑！）将橙子对半切开，然后榨汁。

3. 把红甜菜和橙汁放入搅拌机用最高挡位搅拌，直到红甜菜变成糊状。接着加入蜂蜜和冻好的浆果搅拌，直至所有材料变成均匀的糊状。

4. 将制作完成的思慕雪倒进玻璃杯即可。

小贴士

大部分人认为红甜菜是典型的冬季（窖藏）蔬菜。新鲜的红甜菜其实在 7 月就有出产，也就是盛产浆果的季节。这时候甜菜的块茎还很柔软，也没有太重的"土味儿"，尝起来非常甜美。生甜菜富含维生素和微量元素，是用于制作味道上佳且营养健康的思慕雪的理想选择。

思慕雪——小食

如此灵活速成！客人不期而至时，这就是最合适的啦。

食材：

75 毫升橙汁

400 克冷冻覆盆子或者冷冻混合浆果

2 ~ 3 汤匙砂糖

2 汤匙香橙利口酒或者覆盆子酒（按个人口味喜好）

100 克小饼干

350 克干酪

1 袋香草砂糖

125 毫升思慕雪（比如浆果思慕雪，见第 12 页，或者买成品）

150 克奶油

快捷的、带超级果香的小食

份数： 4 ~ 6 人份

制作时间： 20 分钟

能量： 每份约 940 千卡热量，9 克蛋白质，60 克脂肪，89 克碳水化合物

步骤：

1. 把橙汁煮开，然后加入覆盆子或者混合浆果。待再次煮开，拌入 1 汤匙砂糖，从炉灶上端下冷却（如果喜欢还可以加入 2 汤匙香橙利口酒或者覆盆子酒拌匀）。

2. 把小饼干放入一个容器中，然后在上面放上混合浆果，放置一边备用。另将干酪和香草砂糖，以及 1 ~ 2 汤匙砂糖，和思慕雪一起搅拌成均匀的干酪糊。

3. 用手动打蛋器将奶油打至黏稠，然后在上面放上干酪糊。把这一团均匀倒在之前的混合浆果上，然后将所有材料盖上，放入冰箱至少冷却 1 个小时。

小贴士

如果成品思慕雪中含有一些特定的水果（如木瓜、菠萝、奇异果），在制作时需要把思慕雪加热煮开，因为这些水果与明胶或者奶制品里的动物蛋白不能融合。

思慕雪——开胃小点心

正好用于炎热的天气，营养丰富的思慕雪，

就像一份凉凉的汤品，而且不会有太多负担哟！

鳄梨思慕雪

食材：

番茄、鳄梨、青柠汁、盐花生、酸奶
芫荽、盐、胡椒、小茴香、冰块

容器：一个 300 毫升的玻璃杯

步骤：

1. 洗净 1 个番茄，对半切开，去籽，然后将果肉切成小方块。

2. 把一个成熟的鳄梨对半切开，去核，然后用勺子把果肉从果皮上刮下，并立即和 2 汤匙鲜榨青柠汁混合。5 块冰块磨碎。

3. 把鳄梨、3 汤匙盐花生、200 毫升发酵酸奶和 1 汤匙切碎的芫荽放入搅拌机，加入盐、1/3 茶匙磨碎的小茴香和 1 ~ 2 小撮胡椒提香。

4. 把所有的材料强力搅拌，直至打成均匀的糊状。加冰，然后再度强力搅拌。

5. 最后在上面放上切好的番茄和芫荽即可。

西班牙冻汤思慕雪

食材:

番茄、黄瓜、甜椒、小葱、蒜瓣、胡椒、

红酒醋、盐、冰块、橄榄油

步骤:

1.将2个番茄洗净,挖掉叶柄,并切成块状。

2.将100克黄瓜削皮,竖着对半剖开,用勺子去籽,然后切成块状。

3.将1个小的绿色甜椒对半切开,洗净然后切成块状。

4.将2棵小葱洗净,择好,把绿色和白色部分分别切成环状。

5.将1个小蒜瓣去皮,粗略地剁碎。6块冰块磨碎。

6.把所有的蔬菜(只将小葱的绿色部分留作点缀用)全部放入搅拌机,加入2汤匙橄榄油、1～2汤匙红酒醋、盐和胡椒。

7.将所有材料打成糊状。尝尝盐、胡椒和醋是否口味正好,然后加冰,并且再度搅拌。

芝麻菜 – 菠菜思慕雪

食材：

芝麻菜、菠菜、苹果、鲜榨橙汁、酸奶、冰块、
蜂蜜、橄榄油、盐、胡椒、肉豆蔻

步骤：

1. 将 40 克芝麻菜和菠菜择好，洗净，把芝麻菜秆切掉，将叶片粗略地切小。

2. 将 1 个苹果洗净，四等分，切除果核，然后把其中 3 块切成小块。剩下的 1/4 切成尽可能小的碎末，放在一边备用。6 块冰块磨碎。

3. 把芝麻菜、菠菜、苹果、100 毫升鲜榨橙汁、100 克酸奶、1 汤匙蜂蜜和 1 汤匙橄榄油放入搅拌机，用最高挡位搅拌均匀。

4. 加入盐、胡椒和肉豆蔻提味。

5. 加冰，然后再把所有的食材强力搅拌。

6. 倒入玻璃杯，撒上切好的苹果碎末作为小点缀即可。

索 引

为了使你能更快地按照食材找到食谱，该附录里把受欢迎的食材，例如菠萝或者芒果按照德语字母顺序进行了整理。素食食谱，在本书里用🍃标记出来的，在这里将用绿色显示。

图书在版编目（CIP）数据

思慕雪 ／（德）塔尼娅·杜西著；马亚雯译. —南京：
译林出版社，2017.8
ISBN 978-7-5447-6960-0

I.①思… II.①塔… ②马… III.①果汁饮料－制作 IV.①TS275.5

中国版本图书馆 CIP 数据核字（2017）第 154868 号

Smoothies – Obst – Power im Glas by Tanja Dusy

著作权合同登记号　图字：10-2016-562 号

思慕雪〔德国〕塔尼娅·杜西／著　马亚雯／译

责任编辑	陆元昶
特约编辑	郭 梅　时音菠
装帧设计	Metis 灵动视线
校　对	肖飞燕
责任印制	贺 伟

原文出版	GRÄFE UND UNZER, 2014
出版发行	译林出版社
地　址	南京市湖南路 1 号 A 楼
邮　箱	yilin@yilin.com
网　址	www.yilin.com
市场热线	010-85376701
排　版	姚建坤
印　刷	北京旭丰源印刷技术有限公司
开　本	710 毫米 ×1000 毫米 1/16
印　张	6.5
版　次	2017 年 8 月第 1 版　2017 年 8 月第 1 次印刷
书　号	ISBN 978-7-5447-6960-0
定　价	30.00 元